별자리 목록

* 파란색은 계절별 별자리 중 주요 별자리 또는 쉽게 찾을 수 있는 별자리를 나타냄.
* 빨간색은 태양이 지나가는 길인 황도에 위치하는 12개 별자리(황도 12궁)를 나타냄.

계절별 별자리

태양의 반대편에 위치하는 별자리로, 관측 시점의 계절에 초저녁 동쪽 하늘에서 관측되기 시작해 새벽녘 서쪽 하늘로 이동한 후 진다. 별자리를 구성하는 모든 별이 동에서 떠서 서로 지기 때문에 출몰성이라 부른다.

사계절의 별자리 중 겨울철 별자리의 수가 가장 적음에도 불구하고 겨울에 별이 더 잘 보이거나 더 많다고 느낀다. 밝은 도심에서도 쉽게 관측할 수 있는 일등성의 수가 겨울철 별자리에 압도적으로 많기 때문이다. 하늘에는 총 88개의 별자리가 있지만 일등성은 21개뿐이다. 그중 6개는 천구의 남쪽 하늘에 위치하고 있어서 우리나라에서는 관측할 수 없다. 우리나라에서 관측할 수 있는 일등성은 15개인데, 그중 7개가 겨울철 별자리에 위치한다. 특히 밤하늘에서 가장 밝은 별인 큰개자리의 시리우스가 겨울철 별자리를 대표하고, 일등성 2개와 이등성 5개가 포진해 밤하늘에서 가장 화려한 오리온자리도 겨울철 별자리의 중심을 차지한다.

봄철 별자리(16개)

별자리	약자	학명	적경(h)	적위(°)
공기펌프	Ant	Antlia	10	-35
까마귀	Crv	Corvus	12	-20
돛	Vel	Vela	09	-50
머리털	Com	Coma Berenices	13	+20
목동	Boo	Bootes	15	+30
바다뱀	Hya	Hydra	10	-20
북쪽왕관	CrB	Corona Borealis	16	+30
사냥개	CVn	Canes Venatici	13	+40
사자	Leo	Leo	11	+15
이리	Lup	Lupus	15	-45
육분의	Sex	Sextans	10	+00
켄타우루스	Cen	Centaurus	13	-50
작은사자	LMi	Leo Minor	10	+35
처녀	Vir	Virgo	13	+00
천칭	Lib	Libra	15	-15
컵	Crt	Crater	11	-15

여름철 별자리(16개)

별자리	약자	학명	적경(h)	적위(°)
거문고	Lyr	Lyra	19	+40
궁수	Sgr	Sagittarius	19	-25
남쪽왕관	CrA	Corona Australis	19	-40
독수리	Aql	Aquila	20	+05
돌고래	Del	Delphinus	21	+10
방패	Sct	Scutum	19	-10
백조	Cyg	Cygnus	21	+40
뱀	Ser	Serpens	17	+00
뱀주인	Oph	Ophiuchus	17	+00
여우	Vul	Vulpecula	20	+25
염소	Cap	Capricornus	21	-20
전갈	Sco	Scorpius	17	-40
조랑말	Equ	Equuleus	21	+10
화살	Sge	Sagitta	20	+10
헤르쿨레스	Her	Hercules	17	+30
현미경	Mic	Microscopium	21	-35

가을철 별자리(15개)

별자리	약자	학명	적경(h)	적위(°)
고래	Cet	Cetus	02	-10
남쪽물고기	PsA	Piscis Austrinus	22	-30
도마뱀	Lac	Lacerta	22	+45
두루미	Gru	Grus	22	-45
물병	Aqr	Aquarius	23	-15
물고기	Psc	Pisces	01	+15
봉황새	Phe	Phoenix	01	-50
삼각형	Tri	Triangulum	02	+30
안드로메다	And	Andromeda	01	+40
양	Ari	Aries	03	+20
에리다누스	Eri	Eridanus	03	-20
조각가(조각실)	Scl	Sculptor	0	-30
페가수스	Peg	Pegasus	22	+20
페르세우스	Per	Perseus	03	+45
화로	For	Fornax	03	-30

겨울철 별자리(14개)

별자리	약자	학명	적경(h)	적위(°)
고물	Pup	Puppis	08	-40
게	Cnc	Cancer	09	+20
나침반	Pyx	Pyxis(=Malus)	09	-30
마차부	Aur	Auriga	06	+40
비둘기	Col	Columba	06	-35
살쾡이	Lyn	Lynx	08	+45
쌍둥이	Gem	Gemini	07	+20
오리온	Ori	Orion	05	+05
외뿔소	Mon	Monoceros	07	-05
작은개	CMi	Canis Minor	08	+05
조각칼(조각도)	Cae	Caelum	05	-40
큰개	CMa	Canis Major	07	-20
토끼	Lep	Lepus	06	-20
황소	Tau	Taurus	04	+15

북쪽 하늘의 별자리(6개)

천구의 북극 주변에 위치한 별자리로 북극성을 중심으로 회전하는 것처럼 보인다. 별자리를 구성하는 대부분의 별들이 지평선 아래로 지지 않기 때문에, 계절과 시각에 상관없이 항상 관측할 수 있다. 하늘에 항상 떠 있는 별을 주극성이라 부른다.

별자리	약자	학명	적경(h)	적위(°)
기린	Cam	Camelopardalis	06	+70
케페우스	Cep	Cepheus	22	+70
용	Dra	Draco	17	+65
작은곰	UMi	Ursa Minor	15	+70
카시오페이아	Cas	Cassiopeia	01	+60
큰곰	UMa	Ursa Major	11	+50

천구의 남극 주변 별자리(21개)

15세기 무렵 남반구에 진출한 유럽인들에 의해 정해진 별자리들이다. 나침반, 시계, 직각자, 망원경과 같이 항해에 사용되는 도구에서 이름을 많이 따왔다. 우리나라에서는 계절과 시간에 상관없이 전혀 보이지 않는 별인 전몰성으로 구성된다.

별자리	약자	학명	적경(h)	적위(°)
공작	Pav	Pavo	20	-65
그물	Ret	Reticulum	04	-60
극락조	Aps	Apus	16	-75
날치	Vol	Volans	08	-70
남십자가	Cru	Crux	12	-60
남쪽삼각형	TrA	Triangulum Australe	16	-65
망원경	Tel	Telescopium	19	-50
멘사(테이블산)	Men	Mensa	05	-80
물뱀	Hyi	Hydrus	02	-75
시계	Hor	Horologium	03	-60
용골	Car	Carina	09	-60
인디언	Ind	Indus	21	-55
제단	Ara	Ara	17	-55
직각자	Nor	Norma	16	-50
카멜레온	Cha	Chamaeleon	11	-80
컴퍼스	Cir	Circinus	15	-60
큰부리새	Tuc	Tucana	0	-65
파리	Mus	Musca	12	-70
팔분의	Oct	Octans	22	-85
화가(이젤)	Pic	Pictor	06	-55
황새치	Dor	Dorado	05	-65

하늘에 좌표를 그리다

천구좌표계의 종류와 특징

하늘에서 별과 행성이 어디 있는지 천체의 위치를 정확하게 표시하기 위해 구면좌표계를 이용한다. 하늘의 별들은 너무 멀리 있어 거리감을 느끼기 어렵고, 마치 커다란 구 모양의 하늘에 별이 붙어 있는 것처럼 보인다. 이러한 커다란 구 모양의 하늘을 천구라고 한다. 하늘에 보이는 별들이 천구에 붙어 있다고 가정하면, 하늘에서 별의 위치를 두 개의 좌표를 이용해 나타낼 수 있다. 천구상의 춘분점과 천구의 적도면을 기준으로 천체의 위치를 적경과 적위로 표시하는 적도좌표계, 관측자를 기준으로 천체의 위치를 방위각과 고도로 나타내는 지평좌표계가 대표적인 천구좌표계이다.

지평좌표계에서 사용되는 천체의 방위각과 고도를 활용하면, 같은 장소와 시각에 위치한 관측자끼리 천체의 위치를 직관적으로 공유할 수 있다는 장점이 있다. 하지만 장소와 시각이 달라지면 동일한 천체라 해도 방위각과 고도가 달라진다.

적도좌표계에서 사용되는 적경과 적위를 활용하면 천체끼리의 상대적 위치 차이를 예측할 수 있다는 장점이 있다. 하지만 내가 관측하는 장소와 시각에 이 천체가 천구의 어디에 있는지를 예측하는 데 전문적인 지식이 필요하다.

적도좌표계

특정 지역의 위도와 경도를 알면 그 장소가 지구 어디쯤 위치하는지 알 수 있다. 특히 여러 도시의 경도를 비교하면 이 도시들 중 어떤 도시가 가장 동쪽 또는 서쪽에 있는지 알 수 있고, 도시들의 위도를 비교하면 어떤 도시가 가장 북쪽 또는 남쪽에 있는지 알 수 있다. 천구상에서 천체의 절대적인 위치를 알고 천체끼리의 상대적 위치를 비교할 수 있게 하는 좌푯값이 있다. 적도좌표계에서 나타내는 적경과 적위이다.

천체의 적경은 지구에서 경도와 비슷한 개념으로 별의 적경값을 이용해 어떤 별이 좀 더 서쪽 또는 동쪽에 위치하는지 알 수 있다. 적경은 천구 적도의 특정한 점(춘분점)을 기준으로 천체가 속한 시간권까지 반시계 방향으로 잰 각을 시간으로 표시한다. 15°를 1시간으로 계산하기 때문에 적경 값은 0시에서 24시까지로 표시된다. 별의 적경값이 클수록 좀 더 동쪽에 위치하고 적경값이 작을수록 좀 더 서쪽에 위치한다. 전갈자리 안타레스(적경 16h 29m)가 견우성(적경 19h 50m)보다 항상 서쪽에 위치한다는 사실을 두 별의 적경값을 통해 알 수 있다.

천체의 적위는 지구에서 위도와 비슷한 개념으로 별의 적위값을 이용해 어떤 별이 좀 더 북쪽 또는 남쪽에 위치하는지 알 수 있다. 천구의 적도에서 천구의 북극 방향으로 별이 속한 시간권을 따라 별까지 잰 각도를 +값의 적위로 나타내고, 천구의 남극 방향으로 별까지 잰 각도를 -값의 적위로 표시한다. 천구의 적도에 위치한 천체의 적위값은 0°, 천구의 북극은 +90°, 천구의 남극은 -90°다. 별의 적위값이 클수록 좀 더 북쪽에 위치하고, 적위값이 작을수록 좀 더 남쪽에 위치한다. 견우성(적위 8° 51′)이 안타레스(적위 -26° 25′)보다 약 35°쯤 북쪽으로 치우쳐 있다는 것을 두 별의 적위값을 통해 계산할 수 있다.

지평좌표계

관측하는 시점에 천체가 어느 방향에 어느 정도 높이로 떠 있을지를 알면 천체를 쉽게 찾을 수 있을 것이다. 지평좌표계는 방위각과 고도로 천체의 위치를 표시하는 천구좌표계이다. 방위각은 천체의 방향을 알려주고, 고도는 지평선을 기준으로 천체가 어느 정도 높이에 위치하는지를 알려준다. 같은 시각 같은 장소에 있는 관측자끼리 특정 천체의 위치를 표시할 때 지평좌표계의 방위각과 고도를 활용하는 이유이다.

특정 천체를 향해 똑바로 섰을 때 이 천체와 동일한 방향의 지평선 지점이, 기준점(북점 또는 남점)으로부터 시계 방향으로 몇 도 떨어져 있는지가 특정 천체의 방위각이다. 예를 들어 북점을 기준으로 방위각이 90°이면 정동쪽 방향이고, 방위각이 135°이면 남동쪽 방향이다.

고도는 천체를 바라보고 섰을 때, 동일한 방향의 지평면으로부터 이 천체까지의 각도를 천정 방향으로 쟀을 때의 값이다. 예를 들어 춘분날 태양이 수평선 위로 뜰 때 태양의 고도가 0°(방위각 90°)이고, 칠월칠석날(음력 7월 7일) 직녀성이 천정에 접근했을 때, 직녀성의 고도가 90°이다.

지평좌표계는 같은 시간에 동일한 별을 관측하더라도 관측 지역에 따라 고도와 방위각이 달라진다. 따라서 별 목록 등에는 지평좌표계를 사용할 수 없다. 그러나 스마트폰 애플리케이션이나 컴퓨터 프로그램을 이용해, 관측 장소와 관측 시간에 따른 특정 천체의 고도와 방위각을 알 수 있다면, 하늘에서 쉽게 그 천체를 찾을 수 있다.

별자리	일등성	적경	적위
전갈	안타레스	16h 31m	-26°
거문고	베가(직녀성)	18h 38m	+38°
독수리	알타이르(견우성)	19h 52m	+9°
백조	데네브	20h 42m	+45°

용어 풀이

- **천구**(Celestial sphere): 관측자가 중심에 위치하고 반지름이 무한대로 큰 가상의 구이다. 관측자가 보는 별은 거리에 상관없이 천구상의 한 점으로 투영된다. 천구 위에 있는 별의 위치는 두 개의 좌표로 표시할 수 있다.

- **천구의 북극과 천구의 남극**: 지구의 자전축을 길게 연장하면 천구와 만난다. 자전축과 천구가 만나는 지점을 각각 천구의 북극(celestial north pole)과 천구의 남극(celestial south pole)이라 한다.

- **천구의 적도**(celestial equator): 지구를 풍선처럼 부풀려서 천구와 만나게 했을 때, 지구의 적도와 일치하는 선이다.

- **천정과 천저**: 관측자를 기준으로 위아래로 가상의 직선을 그었을 때 천구와 만나게 되는 두 점을 각각 천정(zenith)과 천저(nadir)라 부른다. 천정은 머리 위, 천저는 발아래에 있다.

- **지평면**(horizon): 천정과 천저를 이은 선과 직각을 이루고, 관측자가 중심이 되는 커다란 원을 지평면이라고 한다.

- **황도**(ecliptic): 별과 은하는 너무 멀리 있어 위치가 거의 변하지 않기 때문에 천구에 고정되어 있다고 보아도 무방하다. 하지만 태양이나 달, 행성들은 천구 위의 위치가 크게 변한다. 태양의 경우 1년 동안 움직인 경로를 천구에 투영하면 가상의 대원이 만들어지는데 이를 황도라 부른다.

- **춘분점과 추분점**: 황도와 천구의 적도는 23.5° 기울어져 있기 때문에 서로 두 번 만나게 된다. 태양이 천구의 적도보다 남쪽에서 북쪽으로 이동하면서 천구의 적도와 만나는 점을 춘분점(vernal equinox), 북쪽에서 남쪽으로 지나며 만나는 점을 추분점(autumnal equinox)이라고 한다.

- **시간권**(hour circles): 천구의 북극과 남극을 잇는 대원으로 천구의 적도면과 수직이다.

- **수직권**(vertical circle): 천정과 천저를 잇는 대원으로 지평면과 수직이다.

- **자오선**(meridian): 천구의 극과 천정을 잇는 대원으로 북점과 남점을 지난다. 자오선은 시간권이면서 수직권이다.

- **북점과 남점**: 자오선과 지평면이 만나는 두 교점이다.

- **동점과 서점**: 북점에서 지평면을 따라 수직인 곳이다. 천구의 적도는 동점과 서점에서 지평면과 만난다.

- **시간각**(hour angle): 자오선에서 천체가 속한 시간권까지 천구의 적도를 따라 시계 방향으로 측정한 각을 말한다. 항성시를 구할 때 주로 사용하며 남중한 별의 시간각은 0시이다.

- **남중고도**: 별이 정남쪽에 위치해 북점 기준의 방위각이 180°가 되었을 때(자오선에 위치할 때)의 고도이다. 특정 지역에서 별의 남중고도는 항상 일정하므로, 남중고도로 별의 정체를 특정할 수 있다.

천체의 남중고도 = 90° - (관측자의 위도 - 별의 적위값)

지평좌표계

b별이 a별보다 고도가 크지만 방위각은 동일하다. 천구의 북극 주변에 위치한 c 별(북극성)은 일주운동에도 불구하고 항상 북점을 지나는 수직권 방향에서 관측되므로, 이 별의 방위각은 언제나 1° 이하를 유지하고, 고도는 항상 관측자의 위도와 비슷하게 유지된다.

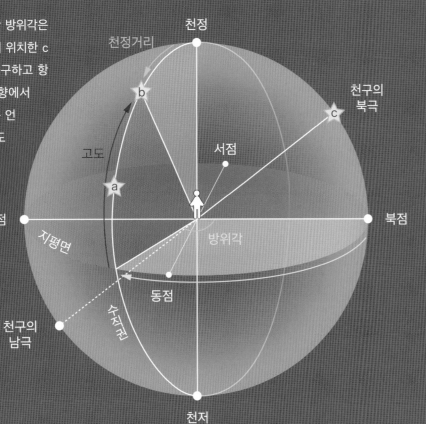

천구의 북극 주변 별들의 일주운동.
천구의 북극의 고도는 관측자가 위치한 위도와 같다.

사진 손형래

적도좌표계

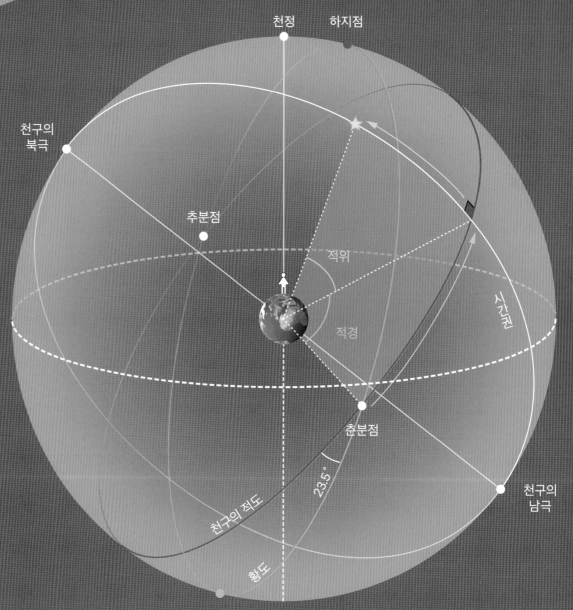

황도상 주요 위치의 적도좌표

주요 위치	적경	적위
춘분점	0h	0°
하지점	6h	+23.5°
추분점	12h	0°
동지점	18h	-23.5°

적도좌푯값이 항상 일정한 항성(별)과 다르게 행성과 달, 태양의 적도좌푯값은 매일매일 변한다. 즉 거리가 너무 멀어서 천구상에서 그 움직임이 바뀌지 않는 항성과 달리, 태양계의 천체는 지구와 가깝기 때문에 이들의 공전 현상이 지구에서 느껴지고 이것이 천구상의 적도좌표 변화로 나타난다.

천체는 어떻게 움직일까?

천체의 운동

천체의 일주운동과 연주운동

하늘의 모든 천체가 동쪽에서 서쪽으로 움직이며 지구를 하루에 한 바퀴씩 도는 것처럼 보이는 현상이 천체의 일주운동이다. 춘분날 태양이 동쪽에서 떠서 정오에 약 53° 고도로 남중했다가 서쪽으로 지는 현상이 태양의 일주운동이고, 이날 초저녁 처녀자리가 동쪽에서 떠서 남쪽 하늘로 이동했다가 새벽녘 서쪽 하늘로 이동하는 것이 처녀자리의 일주운동이다. 천체의 일주운동은 지구가 하루에 한 바퀴씩 서에서 동으로 자전하기 때문에 나타나는 현상이다.

그런데 지구의 정확한 자전 주기는 24시간이 아니라 23시간 56분 정도이다. 따라서 남중한 별(항성)이 다시 남중하기까지 걸리는 시간도 하루의 길이보다 약 4분 짧은 23시간 56분 정도이다. 별이 매일 같은 시각에 뜨는 것처럼 느껴지지만 실제로는 뜨는 시각이 매일 4분씩 당겨진다. 항성으로 구성된 별자리는 하루에 4분, 한 달에 2시간, 3개월에 6시간씩 일찍 뜬다. 계절에 따라 뜨는 시각에 약 6시간의 차이가 생기는 셈이다.

춘분에는 처녀자리가 초저녁에 뜨지만, 하지에는 처녀자리가 낮 12시에 떠서 초저녁에는 이미 남쪽 하늘로 이동해 있다. 하짓날 초저녁 동쪽 하늘에서는 뱀주인자리가 뜨고 있다. 추분에 처녀자리는 아침 일찍 뜨기 때문에 초저녁이 되면 처녀자리는 이미 서쪽 지평선 위까지 이동한 상태고, 남쪽 하늘에서는 뱀주인자리가 관측되며 동쪽 하늘에서는 물고기자리가 떠오르고 있다.

별자리가 뜨고 지는 시각은 계절에 따라 차이가 생기지만 별자리끼리의 상대적 위치는 바뀌지 않는다. 즉, 별은 천구에서 일정한 적도좌표(적경, 적위)값을 유지하며 일주운동을 하고, 뜨고 지는 시각이 달라지는 연주운동을 한다. 하지만 태양은 1년을 주기로 별자리 사이를 움직이는데 이를 태양의 연주운동이라고 한다. 태양의 연주운동은 지구가 태양 주위를 돌며 공전하고 있기에 생겨난다.

태양, 달, 행성은 일주운동을 하지만 동시에 날짜에 따라 천구상에서 좌표(적경, 적위)가 바뀌는 별도의 운동을 한다. 지구가 자전할 뿐만 아니라 일 년에 한 번씩 태양 주위를 도는 공전을 하고, 행성과 달도 별도의 주기를 갖고 태양과 지구 주위를 돌고 있기 때문이다.

일주운동은 지구의 자전에 의해 발생하기 때문에 위도가 같은 관측 장소에서는 태양과 달, 별의 일주 운동 기울기와 방향이 동일하다. 반면에 제각각 다른 공전에 의해 행성이 별자리 사이에서 이동하는 현상은 관측 장소와 시간이 같더라도, 관측 시기에 따라 운동의 방향과 기울기가 다르고 복잡하다. 그렇다고 행성, 달, 태양이 밤하늘의 모든 별자리를 휘젓고 다니는 것은 아니다. 이들이 지나는 하늘의 영역이 있다.

태양의 일주운동(일식)　　　　　　　　사진 이혜경

달의 일주운동　　　　　　　　사진 심재철

오리온자리의 일주운동　　　　　　　　사진 박승철

황도와 탄생 별자리

2022년 6월 25일 새벽녘 동트기 직전에 수성과 금성이 동쪽 지평선 바로 위에서 관측되었고, 같은 시각에 달, 화성, 목성, 토성이 동남쪽에서 남쪽의 하늘까지 이어지며 밝게 빛나고 있었다. 태양은 지평선 아래라 보이지 않았지만 수성보다 약간 더 북쪽으로 치우친 곳에 위치하고 있었다. 이때 토성은 염소자리에, 목성은 물고기자리에, 달은 양자리에, 금성과 수성은 황소자리에 위치했다. 황소자리보다 동쪽에 있고 좀 더 북쪽으로 치우친 별자리가 쌍둥이자리이므로, 동트기 직전 태양은 쌍둥이자리에 위치하고 있었다.

태양 적도좌표(적경, 적위)의 변화는 지구의 운동에만 영향을 받으므로 비교적 쉽게 그 값을 예측할 수 있고, 이 값을 이용해 태양이 어느 별자리에 위치하는지를 알 수 있다. 즉 6월 25일에는 태양이 쌍둥이자리에 위치하지만, 한 달 전 5월 25일경에는 태양이 황소자리, 3월 25일에는 물고기자리에 위치했다. 한 달 뒤 7월 25일에 태양은 게자리로, 8월 25일에는 사자자리로 이동한다.

이렇게 태양은 날짜에 따라 순차적으로 정해진 별자리를 따라 움직여 1년 뒤 다시 황소자리로 돌아온다. 행성과 달도 마찬가지다. 각자의 운동이 복잡해도 행성과 달이 지나는 별자리는 쌍둥이, 게, 사자, 전갈, 뱀주인, 궁수, 황소 등 13개로 한정된다. 그리고 태양은 이 별자리들 사이에서도 특정한 선을 따라 움직인다. 이 선을 이은 천구상의 곡선을 황도라고 한다. 행성과 달은 황도를 중심으로 위아래 약 8°의 간격의 영역 안에서 움직인다. 이 띠를 황도대(Zodiac)라 부른다.

태양이 지나는 황도상의 12개 별자리 중 내가 태어난 날 태양이 위치한 별자리가 나의 탄생 별자리가 된다. 여름에 태양은 겨울철 별자리에 위치하는 등 본인이 태어난 계절과 반대의 별자리에 태양이 위치한다. 따라서 나의 생일날 탄생 별자리를 관측할 수는 없다. 그날 탄생 별자리는 태양과 함께 뜨고 지기 때문이다.

백도와 일식

달이 지나는 길을 백도라고 부른다. 달은 지구뿐만 아니라 태양의 인력에도 영향을 받기 때문에 태양과 달리 천구상에서 일정한 경로로 움직이지 못한다. 즉 달이 움직이는 백도는 조금씩 달라진다. 백도와 황도가 만나는 점인 승교점과 강교점은 18.6년을 주기로 변한다.

황도면과 백도면은 약 5° 정도 기울어 있기 때문에, 태양과 달이 같은 방향에 위치하는 그믐이라도 매번 일식이 일어나지 않는다. 황도와 백도가 교차하는 승교점과 강교점 부근에서 그믐이 될 때 일식이 일어난다. 일식이 일어나는 시점이 매년 달라지는 이유는 백도가 변하기 때문이다. 달에 별이 가려지는 현상을 성식이라 하는데, 매번 다른 별의 성식이 일어나고 이것이 주기성을 갖는 이유도 백도가 주기적으로 달라지기 때문이다.

황도대와 오행성(2022.6.25. 4:20)

5개의 행성과 달이 일렬로 늘어선 곳이 황도대의 위치다. 이날 토성은 수성보다 한참 오른쪽(남동쪽으로 치우친 곳)에서 떴고, 지구 자전의 영향(일주운동)으로 몇 시간 만에 지평선에서 남쪽 방향까지 이동했다. 태양은 수성보다 더 왼쪽(북동쪽으로 치우친 곳)에서 떴고, 정오에 정남쪽 방향까지 이동했다. 이날 태양의 남중고도가 토성보다 커서 토성이 지나간 곳보다 높은 곳을 지났다. 행성들의 움직임을 며칠, 몇 달 동안 관측하면 행성들이 황도대를 따라 이동하며 적도좌푯값이 바뀜을 알 수 있다.

행성과 달의 위치가 며칠 또는 몇 달 동안 성도상에서 변하는 것은 지구와 행성, 달의 공전 때문이다. 행성과 달, 별이 하루 동안 밤하늘을 이동하는 일주운동은 지구 자전의 영향이다. 동쪽 지평선 천체가 움직일 때 일정한 기울기가 나타나는데, 이 기울기의 각도는 관측자의 위도에 따라 달라진다. 적도에서는 90°이고, 서울에서는 약 53°다.

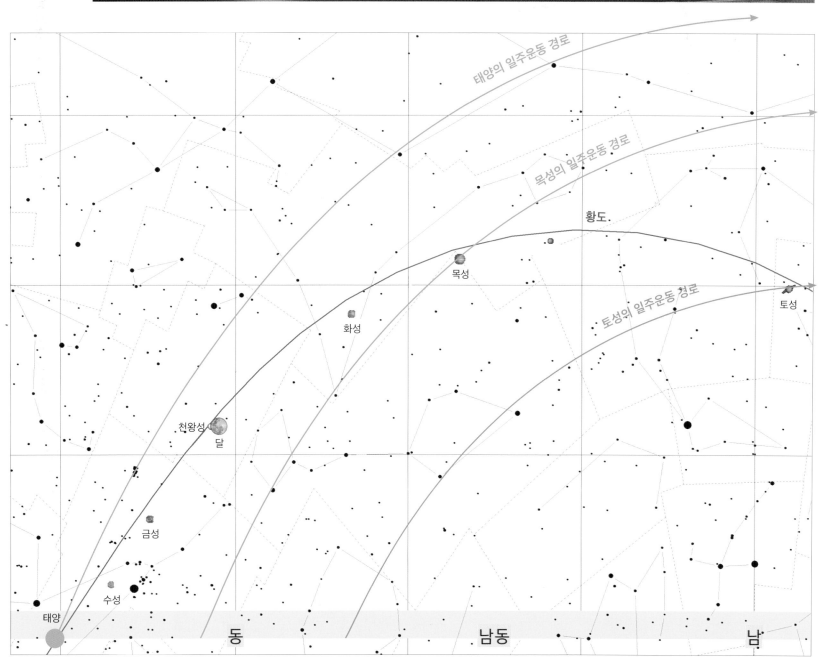

깊은 밤하늘의 천체들

딥스카이 천체와 천체 목록

딥스카이 천체

현대를 살아가는 우리는 방향과 시각을 알기 위해 별 대신 스마트폰을 이용한다. 그러나 옛날 사람들에게는 밤하늘의 별들은 거대한 나침반이자 시계였다. 수천 년 전부터 관찰하던 밤하늘의 주인공들이 다 별일까? 그렇지 않다.

별처럼 보이는 것들 중에는 별 주위를 돌지만 스스로 빛을 내지는 못하는 행성, 우주 먼지와 이온화된 가스로 이루어진 성운, 수백 개에서 수십만 개의 별로 이루어진 별들의 집단인 성단도 있다. 수천억 개 이상의 별들이 자체적인 중력에 묶여 있는 외부 은하도 있는데, 은하들은 너무 멀리 있어서 성운처럼 보이기도 한다. 이뿐만 아니라 긴 주기를 두고 태양 주변을 타원형 궤도로 공전하거나, 주기가 없는 쌍곡선이나 포물선 궤도로 태양계를 떠도는 소천체인 혜성도 있다.

이러한 천체들의 대부분은 밤하늘 깊은 곳(개개의 항성보다 훨씬 멀리 떨어진 곳)에서 빛나기 때문에 별지기들이 딥스카이라 부른다. 맨눈으로는 잘 보이지 않기 때문에 어두운 하늘에서 주로 쌍안경이나 망원경으로 관측한다.

성운

우주에 존재하는 성간물질이 밀집되어 구름처럼 보이는 부분을 성운이라 한다. 은하 생성 초기부터 존재해 온 성운도 있고, 별이 죽어서 남긴 성운도 있다. 전자의 성운은 주로 수소와 헬륨으로 구성되어 있지만, 별이 죽어서 남겨진 성운에는 탄소, 질소, 산소, 철 등 무거운 원소도 존재한다. 특히 초신성 폭발로 생성된 별의 잔해 속에는 철과 우라늄 등의 중금속도 존재한다. 초신성 폭발의 잔해로 남겨진 성운은 팽창하다가 다른 성운을 만나 새로운 별을 탄생시킬 수 있다. 이때의 성운은 인체를 구성하는 모든 원소를 포함하므로 지구형 행성이 만들어질 수도 있고 생명체가 탄생할 수도 있다.

성운은 빛을 방출하는 방식에 따라 방출성운, 반사성운, 암흑성운 등으로 나뉜다. 온도가 수만 도 이상인 뜨거운 별은 많은 양의 자외선을 방출해 주변에 있는 성간물질을 전리(이온화)시킬 수 있다. 전리된 기체는 전자와 재결합하면서 성운 자체가 가시광선 영역의 빛을 방출해 방출성운으로 밝게 빛난다. 방출성운은 중심에 있는 자외선을 방출하는 별의 종류에 따라 크게 HII영역(HII region)과 행성상성운(planetary nebula)으로 나뉜다. 이때 성운의 온도가 낮아서 빛을 방출할 때 붉은색 계통의 빛을 많이 방출하기 때문에 붉은색 성운으로 관측되는 경우가 많다.

반사성운은 주변의 별빛을 반사해 밝게 보이는 성간물질이다. 별빛의 반사는 주로 성간먼지에 의해 이루어진다. 먼지에 의한 빛의 산란은 붉은색보다 파란색에서 효율적이므로 대부분의 반사성운은 파란색으로 보인다.

암흑성운은 스스로 빛을 방출하지 않고 항성 등이 발하는 빛도 반사하지 않거나 흡수해 검게 보이는 성간구름을 가리킨다.

성단

은하 내에서 중력으로 묶여서 모여 있는 별의 집단을 성단이라고 한다. 망원경의 한 시야에서 많은 별 무리로 관측된다. 성단은 한 성간구름에서 같은 시기에 태어나 화학 조성과 나이가 거의 동일한 별들로 구성된다. 성단은 크게 구상성단(globular cluster)과 산개성단(open cluster)으로 구분된다.

구상성단은 1만 개에서 수백만 개의 늙은 별들로 구성된 오래된 천체로 밀도가 높고 공 모양을 하고 있다. 구상성단은 주로 우리은하 중심부와 헤일로에 분포한다.

산개성단은 구상성단에 비해 별들이 느슨하게 흩어져 있다. 우리은하와 나이가 거의 같은 구상성단과 달리 산개성단은 젊은 별들로 구성되어 있으며 나선팔 등 주로 은하면에 분포한다.

은하

은하는 별(항성), 성간물질, 성단, 성운, 블랙홀, 암흑물질 등이 중력으로 묶여 있는 거대한 천체 그룹이다. 은하는 질량이 태양의 1억 배에서 100조 배, 크기는 수백 광년에서 수십만 광년으로 은하 하나하나의 질량이 거대하고 우주 공간의 매우 넓은 범위에 분포한다.

은하는 우주의 구조와 진화를 밝혀주는 중요한 천체이다. 은하는 매우 다양하며, 형태와 분광학적 특성을 고려해서 분류한다. 은하의 형태와 구조를 기반으로 한 가장 일반적인 분류로 허블 은하 분류 체계가 있다. 주로 타원 형태를 한 타원은하, 나선 구조와 중앙에 막대 구조가 있는 막대나선은하, 막대 구조가 없이 나선 구조만 있는 정상나선은하, 모양이 불규칙해 이에 속하지 않는 불규칙은하로 은하를 분류한다.

성운과 성단의 목록

프랑스의 천문학자 샤를 메시에(Charles Messier)는 혜성에 관심이 많았다. 메시에는 혜성 발견에 방해받지 않을 목적으로 피에르 메셍(Pierre Méchain)과 함께 혜성과 혼동하기 쉬운 성운과 성단의 목록을 만들었다. 이 목록이 메시에 목록으로, 1781년에 103개의 천체가 포함된 최종본이 발표되었고, 메시에 사후에 천문학자들이 덧붙여서 지금까지 총 110개의 천체가 수록되어 있다. 메시에 목록은 메시에의 첫 글자인 M자 뒤에 숫자를 붙여 천체를 지칭한다.

성운과 성단을 정리한 다른 목록인 NGC 목록(New General Catalogue of Nebulae and Cluster of Stars)은 성단과 성운의 일반 목록(General Catalogue of Nebulae and Cluster of Stars)을 확장한 목록이다. NGC 목록은 항성을 제외하고 1888년 당시 기술로 관측 가능한 대부분의 천체를 기록했다는 점에서 큰 의미가 있다.

콜드웰 목록(Caldwell catalogue), 또는 콜드웰 천체 목록(Caldwell object catalogue)은 영국의 아마추어 천문학자인 패트릭 무어(Patrick Moore)가 1995년에 만들었다. 메시에 목록은 샤를 메시에가 파리에서 관찰한 것을 바탕으로 목록을 작성했기 때문에 오메가 센타우리, 켄타우루스자리 A 은하 등 남반구에서 볼 수 있는 천체들은 메시에 목록에 들어가지 않았다. 패트릭 무어는 남반구에서 볼 수 있는 천체들도 포함해 109개의 천체 목록을 작성했으며, 1995년 12월 《Sky&Telescope》에 발표했다.

사진 박승철

사진 박승철

위 암흑성운(말머리성운), 반사성운, 발광성운
아래 산개성단(M37, M36, M38)

촬영 편집 조현웅

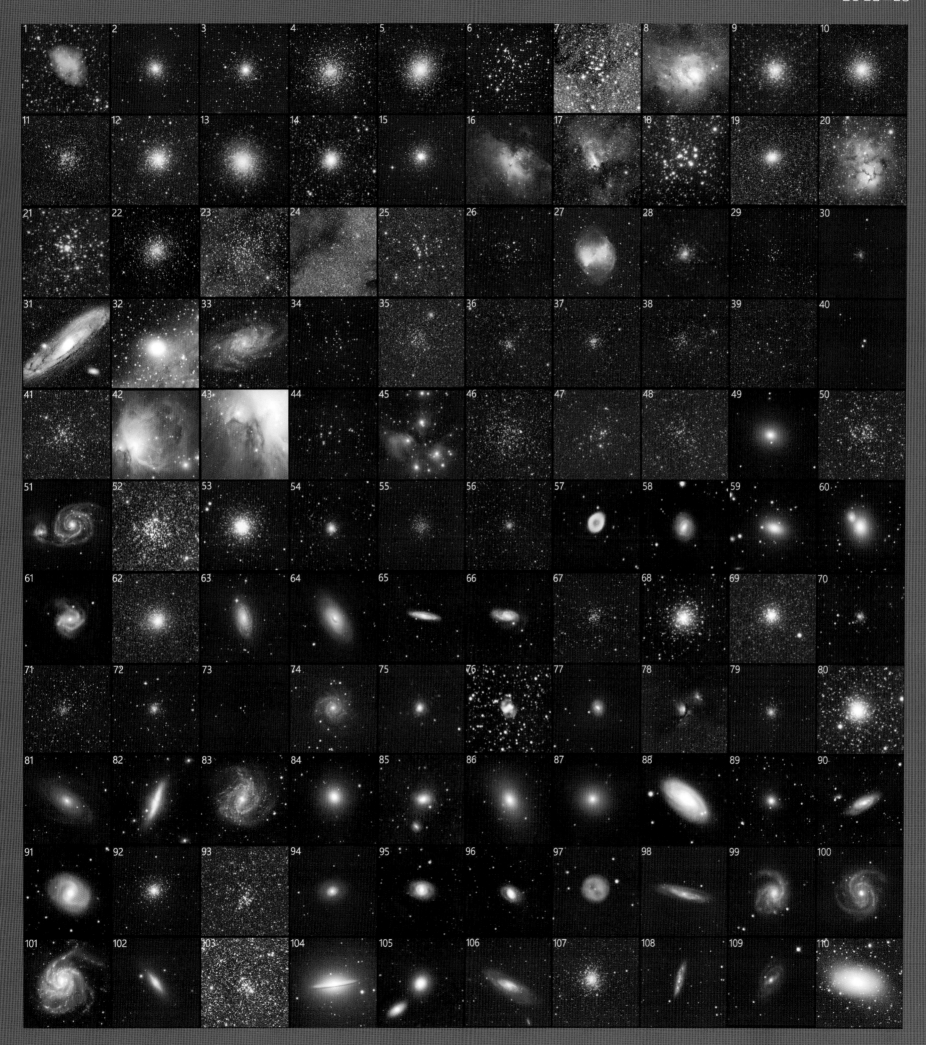

소형 망원경으로 관측 가능한 딥스카이 천체들

* 파란색은 SIMBAD Astronomical Database에서 채택한 2020A&A, volume 633A, 99C에 실린 최신 논문을 참고해 작성한 수치로 기존에 알려진 값과 다소 차이가 있음.

봄

M3	유형	별자리	거리(광년)
	구상성단	사냥개자리	3만 3,900
겉보기 등급	크기	적경	적위
6.4	16.2′	13h 42m	+28° 23′

메시에가 자신이 찾은 첫 번째 사례로 기록한 천체다. M13과 함께 북반구의 하늘에서 볼 수 있는 가장 크고 화려한 구상성단이다. 중심부에 약 50만 개의 별이 밀집되어 있다. 사냥개자리 알파(α)별(코르카롤리)와 목동자리 알파(α)별(아르크투루스)을 잇는 직선의 중간에 위치한다.

M5	유형	별자리	거리(광년)
	구상성단	뱀자리	2만 4,500
겉보기 등급	크기	적경	적위
6.0	17.4′	15h 19m	+02° 05′

북반구 하늘에서 가장 밝은 구상성단이다. 생성된 지 130억 년이 된 늙은 성단으로 이곳에서 150개의 변광성이 발견되었다. 뱀의 머리 알파(α)별(우누칼하이)에서 남서쪽으로 약 8° 떨어진 곳에 위치한다.

M65 M66	유형	별자리	거리(광년)
	중간나선은하	사자자리	3,500만
	막대나선은하	사자자리	3,600만
겉보기 등급	크기	적경	적위
10.3	8′×2′	11h 19m	+13° 05′
8.9	9′×4′	11h 20m	+12° 59′

M65, M66, NGC3628이 한 방향에 모여 있어 사자자리 세쌍둥이은하라고 부른다. M66에서 5개의 초신성이 발견되었고, M65에서는 2013년에 II형 초신성이 발견되었다. 사자자리 베타(β)별(데네볼라), 델타(δ)별(조스마)과 정삼각형을 이루며, 세타(θ)별의 남동쪽 바로 아래 위치한다.

M83	유형	별자리	거리(광년)
	막대나선은하	바다뱀자리	1,500만
겉보기 등급	크기	적경	적위
7.5	14′×13′	13h 37m	-29° 52′

남쪽바람개비은하라고 불린다. M31, M32에 이어 세 번째로 발견된 은하이며, 우리은하가 속한 국부은하군 밖의 은하 중 가장 먼저 발견되었다. 은하 평면을 온전하게 볼 수 있다. 처녀자리 알파(α)별(스피카)에서 남쪽으로 약 19°, 바다뱀자리 감마(γ)별에서 남동쪽으로 약 8° 떨어진 곳에 위치한다.

M104	유형	별자리	거리(광년)
	정상나선은하	처녀자리	2,930만
겉보기 등급	크기	적경	적위
8.0	9′×5′	12h 40m	-11° 37′

은하핵이 매우 밝으며, 팽대부가 크고, 원반의 먼지 띠가 매우 돋보여서 솜브레로 모자처럼 보여 솜브레로은하라고 불린다. 쌍안경으로 볼 수 있을 만큼 밝다. 태양 질량의 10억 배가 나가는 초거대 블랙홀이 존재한다. 처녀자리 알파(α)별(스피카)에서 서쪽으로 약 11° 떨어진 곳에 위치한다.

Mel111	유형	별자리	거리(광년)
	산개성단	머리털자리	300
겉보기 등급	크기	적경	적위
1.8	4°35′	12h 23m	25°50′

머리털자리성단이라고 불리며 가장 가까운 산개성단 중 하나다. 쌍안경으로 보면 8등급 이상의 별 20여 개가 시야에 들어온다. 성단의 가운데 V자 모양으로 늘어선 별 무리가 있다. 사자자리 베타(β)별(데네볼라)에서 북동쪽으로 약 14° 떨어진 곳에 위치한다.

여름

M4	유형	별자리	거리(광년)
	구상성단	전갈자리	7,200
겉보기 등급	크기	적경	적위
5.6	26′	16h 24m	-26° 32′

겉보기 크기가 약 26′으로 보름달과 비슷하다. 중심부 밀도가 상대적으로 낮아 작은 구경의 망원경으로도 성단의 중심부 별들을 분해해 볼 수 있다. 북반구에서 쌍안경으로 가장 잘 보이는 구상성단으로, 전갈자리 알파(α)별(안타레스)과 한 시야에 관측된다. 안타레스에서 서쪽으로 약 1.3° 떨어진 곳에 위치한다.

M7	유형	별자리	거리(광년)
	산개성단	전갈자리	650~1,310
겉보기 등급	크기	적경	적위
3.3	1°40′	17h 54m	-34° 50′

프톨레마이오스가 기록한, 별과 다르게 보이는 7개 천체 중 하나에 해당해 프톨레마이오스성단이라 불린다. 약 80여 개의 밝은 별들이 1.3°의 시직경 안에 모여 있어 맨눈으로도 찾을 수 있다. 전갈자리 꼬리 끝부분에 있는 람다(λ)별에서 북동쪽으로 약 4.5° 떨어진 곳에 위치한다.

M8	유형	별자리	거리(광년)
	HII 영역	궁수자리	4,100
겉보기 등급	크기	적경	적위
6.0	1°30′×40′	18h 04m	-24° 23′

대표적인 방출성운으로 주로 붉은빛을 띤다. 중심 부근의 성간먼지에 의해 어두운 영역이 보이는데, 이 생김새 때문에 석호성운이란 이름이 붙었다. 현재 활동적인 별 형성 시기를 겪고 있으며 이미 형성된 산개성단 NGC6530을 포함하고 있다. 궁수자리 람다(λ)별(카우스로)에서 서쪽으로 약 5.5° 떨어진 곳에 위치한다.

M10	유형	별자리	거리(광년)
	구상성단	뱀주인자리	1만 4,300
겉보기 등급	크기	적경	적위
5.0	15′	16h 57m	-04° 06′

약 10만 개의 별을 포함하고 있으며, 보름달의 절반 정도 크기로 쌍안경을 이용해 확인할 수 있다. M10과 M12는 약 3° 정도 떨어져 있어 쌍안경으로 두 구상성단을 한꺼번에 관측할 수 있다. 뱀주인자리 델타(δ)별로부터 동쪽으로 약 10° 떨어진 곳에 위치한다.

M11	유형	별자리	거리(광년)
	산개성단	방패자리	6,200
겉보기 등급	크기	적경	적위
5.8	9′	18h 51m	-06° 16′

성단 내부의 밝은 별들이 오리 떼가 날아가는 모습과 닮아서 야생오리성단이라는 이름이 붙었다. 약 2,900개의 별을 포함하는 아주 조밀한 산개성단 중 하나이다. 독수리자리의 꼬리의 람다(λ)별로부터 남서쪽으로 약 4° 떨어진 곳에 위치한다.

M12	유형	별자리	거리(광년)
	구상성단	뱀주인자리	1만 5,700
겉보기 등급	크기	적경	적위
6.1	15′	16h 47m	-01° 57′

구상성단이지만 산개성단처럼 보일 정도로 형태가 느슨하다. 가장 밝은 별의 겉보기 등급은 12, 밝은 별 25개의 겉보기 등급은 약 14이다. 뱀주인자리 델타(δ)별로부터 동쪽으로 약 8.5° 떨어진 곳에 위치한다.

M13	유형	별자리	거리(광년)
	구상성단	헤르쿨레스자리	2만 5,100
겉보기 등급	크기	적경	적위
5.8	33′	16h 42m	+36° 28′

북반구에서 볼 수 있는 크고 화려한 구상성단이다. 10만 개가 넘는 별이 밀집되어 수많은 별을 한눈에 감상할 수 있다. 여름밤에 천정 높이 떠 있어서 누워서 쌍안경으로 관측하기에 좋다. 헤르쿨레스자리의 서북쪽 변을 이루는 에타(η)별과 제타(ζ)별의 중간쯤, 약간 에타별에 치우친 곳에 위치한다.

M14	유형	별자리	거리(광년)
	구상성단	뱀주인자리	3만 300
겉보기 등급	크기	적경	적위
7.6	13.5′	17h 38m	-03° 15′

실제 직경은 100광년 정도다. 만여 개의 별로 구성되어 있으며, 실제 총 밝기는 태양의 40만 배이다. 뱀주인자리의 알파(α)별로부터 남쪽으로 약 16° 떨어진 곳에 위치한다.

M16	유형	별자리	거리(광년)
	HII 영역	뱀자리	7,000
겉보기 등급	크기	적경	적위
6.4	2°×25′	18h 19m	-13° 48′

독수리성운으로 불린다. 우리은하의 중심부여서 상당히 많은 별들과 성운들이 밀집되어 있다. 내부에 있는 가스와 먼지에서 항성 형성이 활동적으로 일어나고 있다. 허블우주망원경이 촬영한 창조의 기둥 사진이 유명하다. 뱀자리에 '뱀의 꼬리' 영역에 있으며, 궁수자리 람다(λ)별로부터 북쪽으로 약 12° 떨어진 곳에 위치한다.

M17	유형	별자리	거리(광년)
	HII 영역	궁수자리	5,500
겉보기 등급	크기	적경	적위
6.0	40′×30′	18h 21m	-16° 10′

오메가성운으로 불리는 대표적인 방출성운이다. 직경은 약 15광년, 질량은 태양의 800배이다. 성운 주변의 성간물질까지 따지면 직경은 40광년, 질량은 태양의 3만 배이다. M16에서 남쪽으로 2°, M18에서 북쪽으로 1° 떨어져 있다. 궁수자리 람다(λ)별로부터 북쪽으로 약 9.5° 떨어진 곳에 위치한다.

M20	유형	별자리	거리(광년)
	HII 영역	궁수자리	5,200
겉보기 등급	크기	적경	적위
6.3	28′	18h 03m	-22° 58′

성운이 3개로 나뉜 것처럼 보이기 때문에 삼렬성운이라고 불린다. 삼렬성운은 우리은하의 주요 나선팔인 방패-켄타우루스 팔에 위치한 별 탄생 지역이다. 성운 중심부는 약 3,100개의 별로 구성된 성단으로 감싸여 있으며, 가장 큰 별은 질량이 태양의 약 20배 정도이다. 바로 아래에 M8이 자리 잡고 있다. 궁수자리 람다(λ)별로부터 북서쪽으로 약 6° 떨어진 곳에 위치한다.

M21	유형	별자리	거리(광년)
	산개성단	궁수자리	4,200
겉보기 등급	크기	적경	적위
6.5	14′	18h 04m	-22° 30′

몇 개의 청색거성이 있으나 대체로 작고 희미한 별들로 이루어져 있다. 맑고 어두운 환경에서 쌍안경으로 볼 수 있다. M20에서 북동쪽으로 약 1° 떨어져 있고, 궁수자리 람다(λ)별로부터 북서쪽으로 약 6° 떨어진 곳에 위치한다.

M22	유형	별자리	거리(광년)
	구상성단	궁수자리	1만 600
겉보기 등급	크기	적경	적위
5.1	32′	18h 36m	-23° 54′

M4, M13과 함께 북반구에서 쌍안경으로 가장 잘 보이는 3개의 구상성단 중 하나이다. M13과 크기가 비슷하고 더 밝다. 시직경이 32′으로 대략 보름달 정도의 크기다. 궁수자리의 람다(λ)별로부터 북서쪽으로 약 2° 떨어진 곳에 위치한다.

M23	유형	별자리	거리(광년)
	산개성단	궁수자리	2,150
겉보기 등급	크기	적경	적위
6.9	35′	17h 57m	-18° 59′

밝은 9.4등급의 별을 포함해, 129개의 별들이 15~20광년의 지름 안에 모여 있다. 작고 어두운 산개성단이지만 쌍안경으로 관측 시 수없이 많은 은하수의 별들을 배경으로 빽빽이 모여 있는 멋진 모습을 연출한다. M20(삼렬성운)에서 북쪽으로 약 5° 떨어진 곳에 위치한다.

M27	유형	별자리	거리(광년)
	행성상성운	여우자리	1,250
겉보기 등급	크기	적경	적위
7.4	8′×6′	19h 60m	+22° 43′

아령성운이라고 불리며 최초로 발견된 행성상성운이다. 메시에 목록에 등재된 행성상성운 4개 중에 가장 크고 밝다. 중심에 있는 별은 반지름이 태양의 0.05배, 질량은 태양의 0.5배인 비교적 큰 백색왜성이다. 독수리자리 알파(α)별(견우성, 알타이르)에서 북쪽으로 약 14° 떨어져 있다. 백조자리 베타(β)별(알비레오)과 거문고자리의 평행사변형의 끝에 있는 감마(γ)별의 거리만큼 정반대편에 위치한다.

M29	유형	별자리	거리(광년)
	산개성단	백조자리	4,000
겉보기 등급	크기	적경	적위
7.1	13′	20h 24m	+38° 29′

사다리꼴 모양의 밝은 별 4개와, 그 북쪽에서 삼각형을 이루는 밝은 별 3개를 쌍안경으로 볼 수 있다. 백조자리 감마(γ)별로부터 남쪽으로 약 1.7° 떨어진 곳에 위치한다.

M39	유형	별자리	거리(광년)
	산개성단	백조자리	825
겉보기 등급	크기	적경	적위
4.6	31′	21h 32m	+48° 15′

매우 느슨한 형태의 산개성단으로 조건이 좋은 밤하늘에서 맨눈으로 관측이 가능하다. 시직경이 31′으로 보름달 정도의 면적을 가질 정도로 넓다. 백조자리 알파(α)별(데네브)에서 북동쪽으로 약 9° 떨어진 곳에 위치한다.

M57	유형	별자리	거리(광년)
	행성상성운	거문고자리	2,300
겉보기 등급	크기	적경	적위
8.8	4′×2′	18h 54m	+33° 02′

고리 모양으로 보여 고리성운이라고 불린다. 거문고자리의 베타(β)별과 감마(γ)별 중간 지점에서 살짝 베타(β)별에 가깝게 위치한다. 찾는 방법은 쉬우나 크기가 작고 어두워서 작은 망원경으로는 관측하기가 쉽지 않다.

M80	유형	별자리	거리(광년)
	구상성단	전갈자리	3만 2,600
겉보기 등급	크기	적경	적위
7.3	9′	16h 17m	-22° 59′

최소 10개의 변광성을 포함해 20만 개 이상의 별들이 96광년의 영역에 매우 빽빽하게 밀집되어 있다. 전갈자리의 구상성단 M4와 한 시야에 보이나 크고 밝은 M4에 비해 빈약하다. 전갈자리 알파(α)별(안타레스)와 베타(β)별의 거의 중간 정도에 위치한다.

가을

M2	유형	별자리	거리(광년)
	구상성단	물병자리	3만 7,500
겉보기 등급	크기	적경	적위
6.3	13′	21h 33m	-00° 49′

밝은 별이 작은 면적 안에 집중되어 있고 크기가 작아서 마치 초점이 맞지 않은 6.5등급의 별처럼 느껴진다. 페가수스자리 엡실론(ε)별(에니프)에서 남서쪽으로 약 11° 떨어진 곳에 위치한다.

M15	유형	별자리	거리(광년)
	구상성단	페가수스자리	3만 3,600
겉보기 등급	크기	적경	적위
6.2	12′	21h 30m	+12° 10′

별이 10만 개 이상 빽빽하게 들어차 있다. 112개의 변광성을 포함하고 있어, M3과 오메가 성단 다음으로 많은 변광성을 거느린 구상성단이다. 페가수스자리 엡실론(ε)별(에니프)에서 북서쪽으로 약 4° 떨어진 곳에 위치한다.

M30	유형	별자리	거리(광년)
	구상성단	염소자리	2만 7,100
겉보기 등급	크기	적경	적위
7.1	11′	21h 40m	-23° 11′

맑고 어두운 날에 쌍안경으로도 흐릿하게 볼 수 있으며, 4인치 이상의 망원경이라면 주변의 밝은 별들을 분해해 볼 수 있다. 염소자리의 델타(δ)별로부터 남쪽으로 약 7° 떨어진 곳에 위치한다.

M31	유형	별자리	거리(광년)
	정상나선은하	안드로메다자리	250만
겉보기 등급	크기	적경	적위
3.4	3° 20′×1° 11′	0h 43m	+41° 16′

안드로메다은하라고 불린다. 북반구 하늘에서 가장 밝고 큰 은하로 우리은하와 가장 가까운 외부은하다. 크기가 보름달의 6배에 달하기 때문에 쌍안경으로도 감상할 수 있다. 20세기 초까지 우리은하에 존재하는 성운으로 알려져 안드로메다성운으로 불렸다. M31에서 발견된 세페이드 변광성의 밝기 변화 주기를 이용해 허블이 M31까지의 거리를 측정했다. 이 거리가 우리은하의 크기보다 훨씬 컸기 때문에 우리은하 밖에 있는 외부은하임을 알 수 있었다. 은하에 포함된 별의 개수는 약 1조 개로, 우리은하보다 최소 2.5배 이상의 많은 별을 거느리고 있다. 안드로메다자리 베타(β)별(미라크)에서 북서쪽으로 약 7.5° 떨어진 곳에 위치한다.

M33	유형	별자리	거리(광년)
	정상나선은하	삼각형자리	270만
겉보기 등급	크기	적경	적위
5.7	60′×35′	1h 34m	+30° 40′

우리은하와 안드로메다은하와 함께 국부은하군을 이루는 은하 중 세 번째로 크고 무겁다. 관측 조건이 최상인 밤하늘에서 맨눈으로 관측 가능한 가장 먼 천체다. 안드로메다자리 베타(β)별(미라크)와 양자리 알파(α)별(하말) 사이에 위치한다.

M77	유형	별자리	거리(광년)
	막대나선은하	고래자리	4,700만
겉보기 등급	크기	적경	적위
8.9	7′×6′	2h 43m	-00° 01′

메시에 목록에 실린 천체 중 실제 크기가 가장 크다. 지름 약 17만 광년, 3,000억 개 이상의 별들로 이루어져 있으며, 이 은하의 총 질량은 태양의 약 1조 배다. 고래자리 알파(α)별(멘카르)에서 남서쪽으로 약 6.5° 떨어진 곳에 위치한다.

겨울

M1	유형	별자리	거리(광년)
	초신성 잔해	황소자리	6,500
겉보기 등급	크기	적경	적위
8.4	6′×5′	5h 35m	+22° 01′

게성운이라고 불린다. 메시에 천체 목록의 기원이다. 샤를 메시에가 핼리 혜성을 찾던 중 다른 혜성을 추적하다가 발견했다. 기원전 5500년경 지금의 게성운 자리에 있었던 항성이 폭발했는데, 이것이 바로 초신성 1054(SN 1054)이다. 1054년 7월 4일 처음 관측되었고, 최대 밝기 -6등급으로 금성보다 밝게 빛나다가 서서히 어두워졌다. 황소의 오른쪽 뿔에 해당하는 황소자리 제타(ζ)별에서 북북서쪽으로 약 1° 떨어진 곳에 위치한다.

M35	유형	별자리	거리(광년)
	산개성단	쌍둥이자리	2,800
겉보기 등급	크기	적경	적위
5.3	38′	6h 09m	+24° 20′

보름달 정도의 면적에 약 500여 개의 별들이 흩어져 있다. 맑은 날 어두운 밤하늘에서 맨눈으로도 볼 수 있으며, 쌍안경을 이용하면 밝은 별 위주로 볼 수 있다. 쌍둥이자리 발밑에 위치한 에타(η)에서 북서쪽으로 약 3° 떨어진 곳에 위치한다.
또 다른 산개성단인 NGC21580 M35에서 남서쪽으로 약 0.25° 떨어진 곳에 위치한다. 8인치 망원경으로 두 성단을 한 시야에서 관측할 수 있다.

M36	유형	별자리	거리(광년)
	산개성단	마차부자리	4,100
겉보기 등급	크기	적경	적위
6.3	10′	5h 36m	+34° 08′

소형 망원경으로 60여 개의 별들을 볼 수 있으며, 성단을 구성하는 별들의 빠른 회전 속도와 스펙트럼 등 여러 특징이 플레이아데스성단과 비슷하다. M36을 가운데 두고 M37과 M38이 2~3° 떨어진 곳에 나란히 배치되어 있다. 마차부자리 오각형의 남쪽 꼭짓점이자 황소자리 베타(β)별인 엘나스에서 북동쪽으로 약 5.5° 떨어진 곳에 위치한다.

M37	유형	별자리	거리(광년)
	산개성단	마차부자리	4,400
겉보기 등급	크기	적경	적위
6.2	19′	5h 52m	+32° 33′

12.5등급 이상의 밝은 별 약 150개를 포함해 500여 개의 별들로 이루어져 있다. 맨눈으로는 관측이 힘들며 쌍안경으로는 밝은 별 위주로 보인다. 마차부자리의 세 산개성단(M36, M37, M38) 중 가장 동쪽에 있고, M36에서 남동쪽으로 약 3.5° 떨어진 곳에 위치한다.

M38	유형	별자리	거리(광년)
	산개성단	마차부자리	4,200
겉보기 등급	크기	적경	적위
7.4	20′	5h 29m	+35° 50′

X자 모양을 하고 있어 불가사리성단이라고도 불리며, M37과 비슷한 형태를 띠고 있다. 가장 밝은 별의 겉보기등급은 6.9등급이나 절대등급은 -1.5등급으로 태양 밝기의 900배 정도다. 마차부자리의 오각형 안에 있고, M36에서 북서쪽으로 약 2.5° 떨어진 곳에 위치한다.

M41	유형	별자리	거리(광년)
	산개성단	큰개자리	2,300
겉보기 등급	크기	적경	적위
4.5	40′	6h 46m	-20° 43′

보름달 크기 정도 되는 영역에 밝은 별들이 흩어져 있다. 맨눈으로도 5~6개의 별을 확인할 수 있으며, 망원경으로 보면 100여 개의 별들을 관측할 수 있다. 큰개자리 알파(α)별(시리우스)에서 남쪽으로 약 4° 떨어진 곳에 위치한다.

M42	유형	별자리	거리(광년)
	방출성운	오리온자리	1,300
겉보기 등급	크기	적경	적위
4.0	1° 6′ × 1° 6′	5h 35m	-05° 23′

오리온대성운이라고 불린다. 밝고 화려해 맨눈으로도 보여 대성운이라고 한다. 중심 온도는 10,000K 정도이며 새로운 별이 활발히 생성되고 있다. 성운 내에서 사다리꼴 모양을 한 4개의 밝은 별 관찰할 수 있는데 이 별들을 트라페지움성단이라고 한다. 트라페지움성단의 별들은 태어난 지 얼마 안 된 젊은 항성으로, 온도가 높고 많은 에너지를 방출해 주변의 성간물질을 가열한다. 오리온대성운의 지름은 약 12광년이고, 질량은 태양의 2,000배에 달한다. 오리온자리 삼태성 중 가장 남쪽에 있는 제타(ζ)별(알니타크)에서 남서쪽으로 약 4.5° 떨어진 곳에서 소삼태성을 찾을 수 있는데, 소삼태성을 이루는 3개의 별 중 중앙의 별과 겹쳐 보인다.

M44	유형	별자리	거리(광년)
	산개성단	게자리	577
겉보기 등급	크기	적경	적위
3.7	1° 58′	8h 40m	+19° 37′

프레세페성단 또는 벌집성단이라고 불린다. 맨눈으로도 많은 별이 보이며, 쌍안경으로 보면 수많은 별이 한눈에 들어온다. 황소자리 알파(α)별(알데바란) 근처의 히아데스성단과 나이가 비슷하며 둘 다 비슷한 과정으로 만들어져 성단 내에 적색거성과 백색왜성이 분포하고 있다. 대구경의 망원경으로 관측하면 이 성단 내에서 200개 이상의 별을 볼 수 있다. 게자리의 중심 사각형 안쪽에서 쉽게 찾을 수 있다.

M45	유형	별자리	거리(광년)
	산개성단	황소자리	440
겉보기 등급	크기	적경	적위
1.6	2°	3h 46m	+24° 07′

한국에서는 좀생이별, 서양에서는 플레이아데스성단 또는 일곱자매별로 불린다. 북반구 하늘에서 가장 밝고 찾기 쉬운 성단으로 지구와 가까운 산개성단 중 하나이다. 2등급부터 14등급까지 100여 개 별들로 구성되어 있다. 특히 맨눈으로도 보이는 밝은 6개 별은 물음표 모양으로 보인다. 크기가 보름달의 4배라서 쌍안경이나 망원경의 탐색경으로 봐야 전체 모습을 감상할 수 있다. 이 성단의 별들은 최근 1억 년 동안 형성된 젊은 별들로 온도가 높아서 푸른빛을 띤다. 주변 다른 천체와의 조석력으로 인해 성단이 흩어지기 전까지 약 2억 5,000만 년 동안 서로의 만유인력으로 묶인 채 성단의 형태를 유지할 것이다. 황소자리 알파(α)별(알데바란)에서 북서쪽으로 약 10° 떨어진 곳에 위치한다.

M48	유형	별자리	거리(광년)
	산개성단	바다뱀자리	1,500
겉보기 등급	크기	적경	적위
5.5	44′	8h 14m	-05° 44′

별들이 타원형으로 모여 있는 모습을 쌍안경으로 볼 수 있다. 보름달보다도 시직경이 커서 저배율의 망원경으로 관측해야 전체 모습을 볼 수 있다. 바다뱀자리와 외뿔소자리의 경계에 위치하고 있으며 작은개자리 알파(α)별(프로키온)에서 남동쪽으로 약 14° 떨어진 곳에 위치한다.

M50	유형	별자리	거리(광년)
	산개성단	외뿔소자리	3,200
겉보기 등급	크기	적경	적위
5.9	32′	7h 03m	-08° 22′

보름달 크기의 영역에 200여 개의 별들이 모여 있고 지름은 약 20광년에 달한다. 큰개자리 알파(α)별(시리우스)과 작은개자리 알파(α)별(프로키온) 중간에서 프로키온 쪽으로 1/3 정도 치우친 곳에 위치한다.

M93	유형	별자리	거리(광년)
	산개성단	고물자리	3,600
겉보기 등급	크기	적경	적위
6.0	24′	7h 45m	-23° 52′

직경 약 22광년의 영역에 80여 개 이상의 별들로 이루어져 있다. 성단 내에 가장 밝은 별은 청색거성으로 9.7등급의 밝기다. 큰개자리 알파(α)별(시리우스)에서 남동쪽으로 약 15.5° 떨어진 곳에 위치한다.

북쪽

M81	유형	별자리	거리(광년)
	정상나선은하	큰곰자리	1,200만
겉보기 등급	크기	적경	적위
6.9	21′ × 10′	9h 56m	+69° 04′

1774년 요한 엘레르트 보데가 발견해서 보데은하라고 불린다. 가까운 곳에 M82가 있어 쌍안경으로 한 시야에 보인다. 이 은하의 중심핵에 있는 블랙홀은 질량이 태양의 7,000만 배, 우리은하 중심 블랙홀의 15배에 달한다. 큰곰자리 알파(α)별(두베)에서 북서쪽으로 약 10.5° 떨어진 곳에 위치한다.

M82	유형	별자리	거리(광년)
	불규칙은하	큰곰자리	1,200만
겉보기 등급	크기	적경	적위
8.4	11′ × 4′	9h 56m	+69° 41′

기다란 모양 때문에 시가은하라고 불린다. 100여 개의 성단을 포함해 300억 개의 별들로 이루어져 있다. 지름은 약 3만 7,000광년이다. M81 은하와 아주 가까우며 동쪽으로 약 0.7° 정도 떨어진 곳에 위치한다.

M97	유형	별자리	거리(광년)
	행성상성운	큰곰자리	2,030
겉보기 등급	크기	적경	적위
9.9	3′ × 3′	11h 15m	+55° 01′

19세기 영국 천문학자 윌리엄 파슨스가 스케치와 함께 올빼미를 닮았다는 기록을 남겨 올빼미성운이라고 불린다. 가스가 외부로 퍼져 나갈 때 서로 대응하는 두 지점으로 퍼져 대칭적인 밝은 부분과 어두운 부분이 생긴 것으로 추측된다. 이 성운의 나이는 약 8,000년으로 추정된다. 대부분의 행성상성운과 마찬가지로 가시광선 중 녹색광을 강하게 방출하기 때문에 촬영해 사진으로 보는 것보다 망원경으로 눈으로 관측할 때 더 밝게 보인다. 큰곰자리 베타(β)별과 감마(γ)별 사이에서 베타별 쪽으로 1/4 치우친 지점에 위치한다.

M101	유형	별자리	거리(광년)
	정상나선은하	큰곰자리	2,700만
겉보기 등급	크기	적경	적위
7.9	22′ × 21′	14h 03m	+54° 21′

나선구조를 발견하고 바람개비은하라고 불리게 되었다. 지름이 약 17만 광년에 달하는 대형 은하로 1조 개의 별로 이루어져 있다. 은하의 총질량은 태양의 1조 배로 추정된다. 북두칠성 손잡이의 두 번째 별인 큰곰자리 제타(ζ)별(미자르)에서 북동쪽 약 5.5° 떨어진 곳에 위치한다.

M103	유형	별자리	거리(광년)
	산개성단	카시오페이아자리	1만
겉보기 등급	크기	적경	적위
7.4	7.4′	1h 33m	+60° 40′

172개 이상의 별들로 이루어져 있다. 온도가 높고 젊은 푸른 별들이 이 성단을 구성한다. 중심부에는 겉보기등급 10.8등급, 분광형 M6의 적색거성이 자리하고 있다. 카시오페이아자리 델타(δ)별에서 북동쪽으로 약 1° 떨어진 곳에 위치한다.

NGC869	유형	별자리	거리(광년)
	산개성단	페르세우스자리	6,800
NGC884	산개성단	페르세우스자리	7,600
겉보기 등급	크기	적경	적위
3.7	30′	02h 19m	+57° 08′
3.8	30′	02h 22m	+57° 09′

보름달 정도 크기의 공간에 200~400개 정도의 별로 구성된 산개성단 2개가 바짝 붙어 있어서 이중성단으로 불린다. 저배율의 망원경에서는 시야가 별로 꽉 찬 장관을 연출하지만, 고배율에서는 성단 하나씩만 관측할 수 있다. NGC884는 이중성단 중 동쪽 방향에 있다. 맨눈으로 보일 만큼 밝아서 기원전 130년 히파르코스의 기록에도 나와 있다. 카시오페이아자리 W자의 동쪽 두 별과 삼각형을 이루는 곳에 위치한다.

남반구

NGC5139	유형	별자리	거리(광년)
	구상성단	켄타우루스자리	1만 5,800
겉보기 등급	크기	적경	적위
3.9	36.3′	13h 27m	-47° 29′

오메가성단이라고 불린다. 남반구와 북반구를 통틀어 밤하늘에서 가장 밝은 구상성단이고, 우리은하에서 규모가 가장 큰 성단이다. 고대인들은 이 천체가 별이라고 생각해 켄타우루스자리의 오메가(ω)별로 불렀다. 1,000만 개에 달하는 별로 구성되어 있고, 질량도 태양의 405만 배로 추정된다. 나이와 화학적 조성이 다른 여러 종족 별들이 존재한다. 다중 종족(Multiple Population) 별들이 하나의 성단에서 발견된 최초의 사례다. 켄타우루스자리 제타(ζ)별(알나이르)에서 서쪽으로 약 5° 떨어진 곳에 위치한다.

C99	유형	별자리	거리(광년)
	암흑성운	남십자리	590
겉보기 등급	크기	적경	적위
-	7° × 5°	12h 50m	-62° 30′

석탄자루성운이라고 불린다. 이 천체가 포함된 알려진 천체 목록은 콜드웰 목록이 유일하다. 밝은 남쪽 은하수를 가리고 있어서 암흑성운 중 가장 뚜렷하게 윤곽을 확인할 수 있고 쉽게 찾을 수 있다. 남십자자리 알파(α)별(아크룩스), 베타(β)별(미모사) 사이 2° 정도 되는 영역에 위치한다.

NGC3372	유형	별자리	거리(광년)
	HII 영역	용골자리	8,500
겉보기 등급	크기	적경	적위
1.0	120′ × 120′	10h 45m	-59° 42′

에타카리나성운 또는 용골자리성운이라고 불린다. 북반구에서 가장 유명한 오리온대성운보다 4배 정도 크고 훨씬 밝아서 맨눈으로도 쉽게 찾아 볼 수 있다. 이 성운에서 탄생한 용골자리 에타(η)별은 질량 추정치가 태양의 100~150배이고, 광도는 태양의 400만 배에 달하는 초거성이다. 남십자자리의 서쪽에 위치한 용골자리 영역에서 붉은색으로 빛나는 영역이 이 성운이다.

NGC3532 (C91)	유형	별자리	거리(광년)
	산개성단	용골자리	1,321
겉보기 등급	크기	적경	적위
3.0	55′	11h 06m	-58° 42′

나이가 3억 년가량 되었고 약 400개의 별들로 구성되어 있다. 맨눈으로 보일 만큼 매우 밝다. 성단 내에서 12개의 적색거성과 7개의 백색왜성이 발견되었다. 에타카리나 성운의 중심에서 동쪽으로 약 3° 떨어진 곳에 위치하고 쌍안경으로는 에타카리나성운과 한 시야에서 관측된다.

대마젤란은하	유형	별자리	거리(광년)
	막대나선은하	황새치자리, 테이블산자리	16만 3,000
겉보기 등급	크기	적경	적위
0.1	10.75° × 9.75°	05h 23m	-69° 45′

우리은하와 중력으로 묶여 있는 소형 은하 중 가장 큰 은하이다. 이 은하 내의 성운, 성단은 지구에서 중형 망원경으로도 보일 만큼 밝아 NGC 목록에 수록된 천체가 200개가 넘는다. 대마젤란은하에서는 현재도 항성이 활발하게 생성되고 있다. 우리은하 외부의 모든 천체 중 가장 밝고 커서 별자리 2개에 걸쳐서 보이고, 거대한 구름 모양을 하고 있어 쉽게 찾을 수 있다.

NGC2070	유형	별자리	거리(광년)
	HII 영역	황새치자리	16만
겉보기 등급	크기	적경	적위
7.3	40′ × 25′	05h 39m	-69° 6′

타란툴라성운 또는 독거미성운이라고 불린다. 대마젤란은하 안에 있는 초대형 전리수소 영역으로, 많은 별이 폭발적으로 만들어지고 있다. 성운의 질량을 다 합치면 태양의 약 45만 배로, 별의 탄생이 완료되면 구상성단으로 진화할 것이다. 1987년 초신성 SN 1987A가 이 성운의 가장자리에서 관측되었다. 2022년에는 태양 질량의 9배인 블랙홀 VFTS 243이 발견되었다. 대마젤란은하 내에서 관측된다.

소마젤란은하	유형	별자리	거리(광년)
	막대나선은하	큰부리새자리, 물뱀자리	20만 3,700
겉보기 등급	크기	적경	적위
2.7	5° 20′ × 3° 5′	00h 53m	-72° 50′

우리은하 주위를 도는 소형 은하로 약 1억 개의 별로 구성되어 있다. 소마젤란은하는 중심 막대 구조가 존재하는 초소형 막대나선은하였으나, 우리은하와 대마젤란은하의 중력에 의해 불규칙하게 바뀌었다. 여러 성운과 성단을 다수 포함하고 있다. 20세기 초에 헨리에타 레빗이 이 은하의 세페이드 변광성을 이용해 은하까지의 거리를 측정했고, 이를 바탕으로 은하와의 거리를 측정하는 방법이 확립되었다. 대마젤란은하에서 동쪽으로 약 21°, 에리다누스자리 알파(α)별(아케르나르)에서 약 16도°로 멀리 떨어져 있지만, 크고 밝아서 쉽게 찾을 수 있다.

NGC104	유형	별자리	거리(광년)
	구상성단	큰부리새자리	1만 4,500
겉보기 등급	크기	적경	적위
4.1	43.8′	00h 24m	-72° 05′

오메가성단에 이어 밤하늘에서 두 번째로 크고 밝은 구상성단이다. 29개나 되는 펄서가 발견되었다. 소마젤란은하에서 서쪽으로 3° 정도 떨어진 곳에 위치해 쌍안경으로는 소마젤란은하와 한 시야에서 관측할 수 있다. 물뱀자리 베타(β)별에서 약 5° 북쪽으로 올라간 곳에 위치한다.

딥스카이 천체 참고 문헌

1. Roger W. Sinnott, 1988, NGC 2000.0, (Sky Publishing Co., USA)
2. Astronomy and Astrophysics, volume 633A, 99-99 (2020/1-1) : Clusters and mirages: cataloguing stellar aggregates in the Milky Way.
3. Monthly Notices of the Royal Astronomical Society, Volume 489, Issue 3, November 2019, Pages 3093-3101 : Gaia parallax of Milky Way globular clusters - A solution of mixture model.
4. SEDS(Students for the Exploration and Development of Space) Messier Database (Messier Catalog).
5. Astronomy and Astrophysics, volume 647A, 19-19 (2021/3-1) : 3D kinematics and age distribution of the open cluster population.

장미성운

사진 박승철

별의 탄생부터 죽음까지

수소와 헬륨으로 구성된 성운이 만유인력에 의해 수축하면 온도가 올라간다. 중심부 온도가 높아져 핵융합반응이 일어나면 수소가 헬륨으로 바뀌며 별이 탄생한다. 이후 탄소, 질소, 산소 등이 만들어지며 별이 진화한다. 별이 수명을 다하면 행성상성운으로 바뀌거나 초신성 폭발을 일으키며 별의 잔해를 우주로 다시 흩뿌린다. 이 잔해 속에는 철을 비롯한 무거운 금속과 탄소, 질소, 산소가 포함되어 있다. 우주로 흩어지던 이 성운이 다른 성운을 만나면 다시 수축해 새로운 별이 되고, 이 별 주위에 고체 행성이 만들어질 수 있다. 이런 행성에는 인체를 구성하는 원소들이 포함되어 있으므로 생명체가 탄생할 가능성이 있다.

별의 탄생(M42)

사진 조현웅

젊은 별(산개성단, M45)

사진 조현웅

늙은 별(구상성단, M13)

사진 조현웅

별의 죽음(행성상성운, M27)

사진 한종현

북아메리카성운

사진 박승철

외부은하(M31)

사진 조현웅

대마젤란은하 속
타란툴라성운

사진 박승철

NGC104 구상성단

소마젤란은하

사진 박승철

NGC5139(오메가성단)

NGC3532(C91)

리길켄트

C99(석탄자루성단)

NGC3372
(에타카리나성운)

사진 박승철

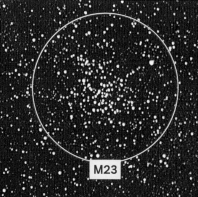
M23

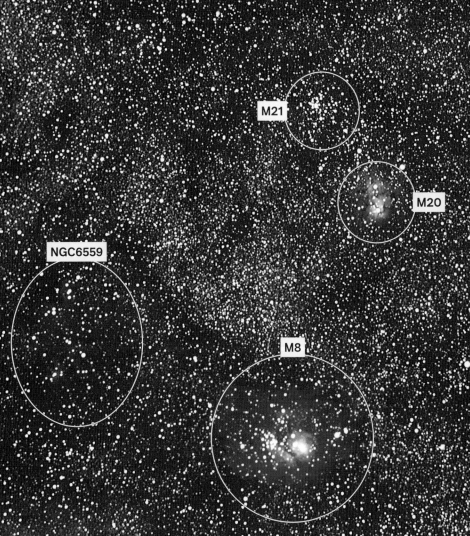

M21

M20

NGC6559

M8

여름철 은하수 속 성운과 성단 사진 박승철

이중성단

NGC884 NGC869.

사진 한종현

페르세우스자리와 기린자리 사진 박승철

북극성을 중심으로 한 북쪽 하늘 사진 손형래

북쪽 하늘 별자리

별 ● ● ● ● • • · ·
　 0 1 2 3 4 5 6 7

자료 제공: 별바라기(starflower.info)

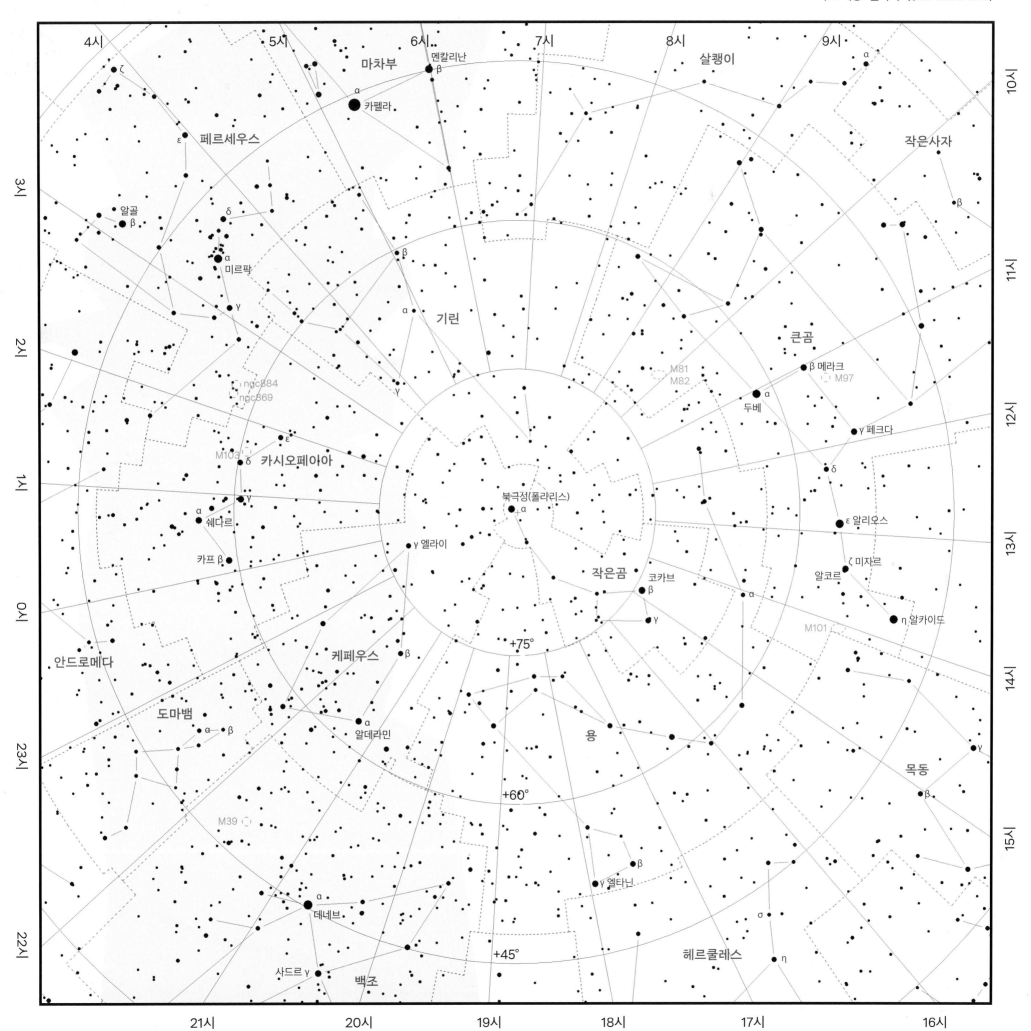

사자자리와 작은사자자리 사진 박승철

까마귀자리, 컵자리, 바다뱀자리 사진 박승철

봄의 대곡선 사진 박승철

봄철 별자리

자료 제공: 별바라기(starflower.info)

별 0 1 2 3 4 5 6 7

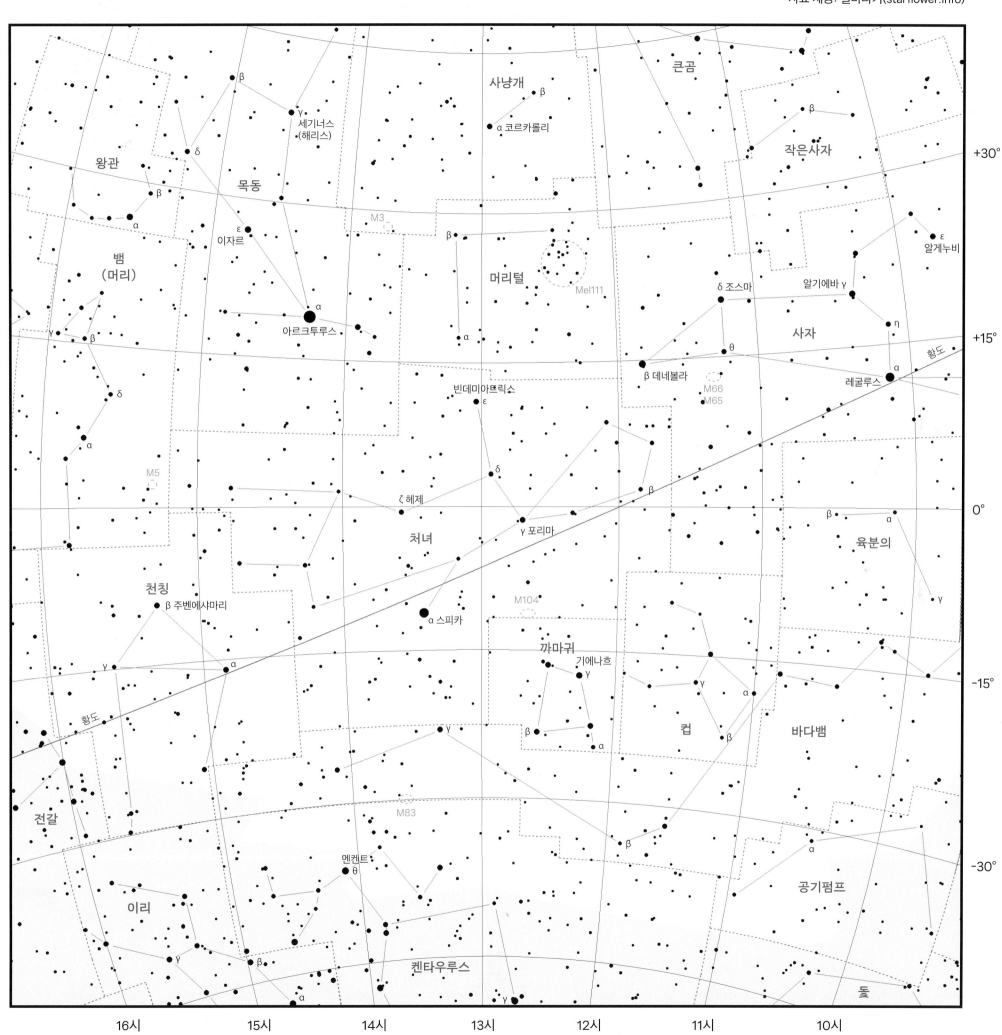

여름의 대삼각형 사진 박승철

궁수자리와 전갈자리 사진 박승철

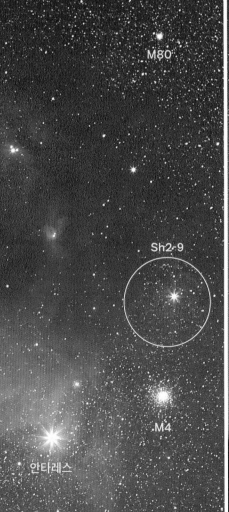

M80

Sh2-9

M4

안타레스

안타레스 주변의 성운과 성단 사진 한종현

여름철 밤하늘 전경 사진 박승철

여름철 별자리

별 0 1 2 3 4 5 6 7

자료 제공: 별바라기(starflower.info)

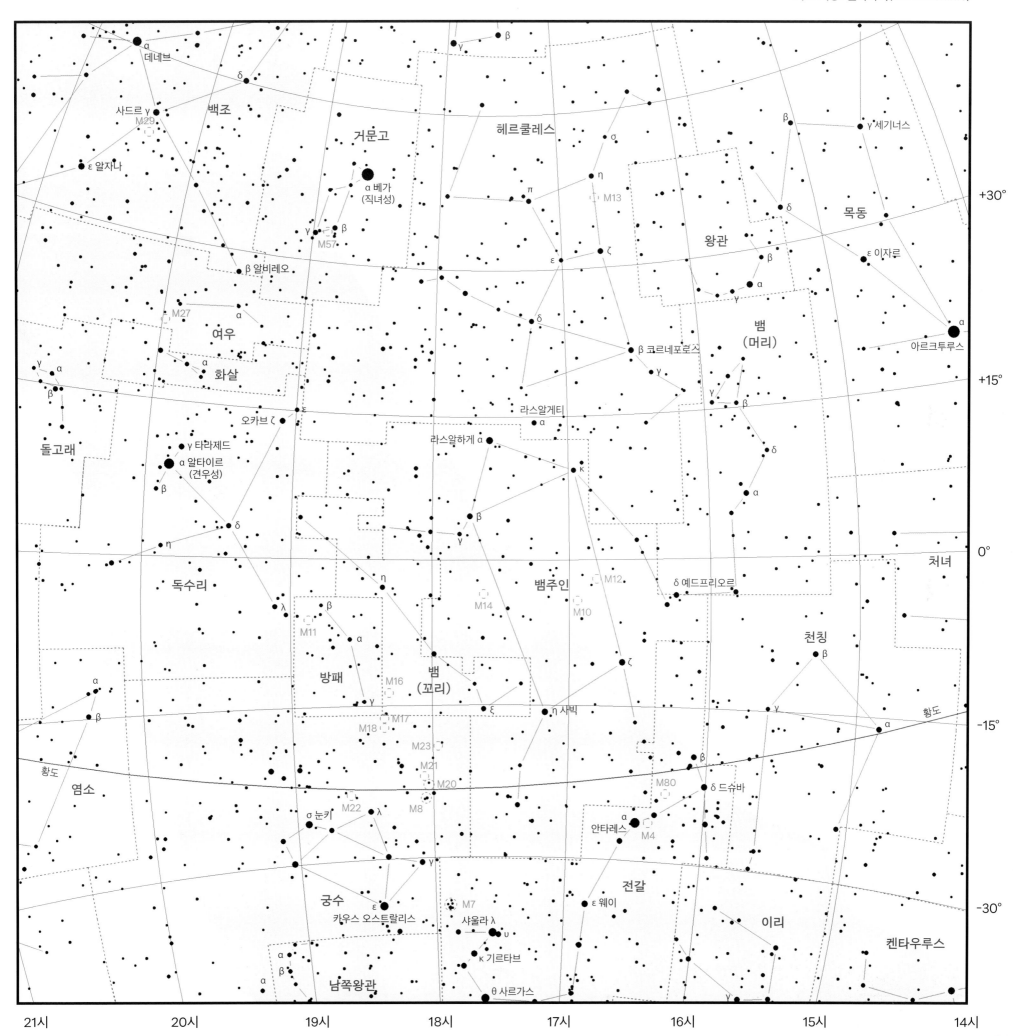

21시　　20시　　19시　　18시　　17시　　16시　　15시　　14시

가을철 밤하늘 전경 사진 박승철

가을철 별자리

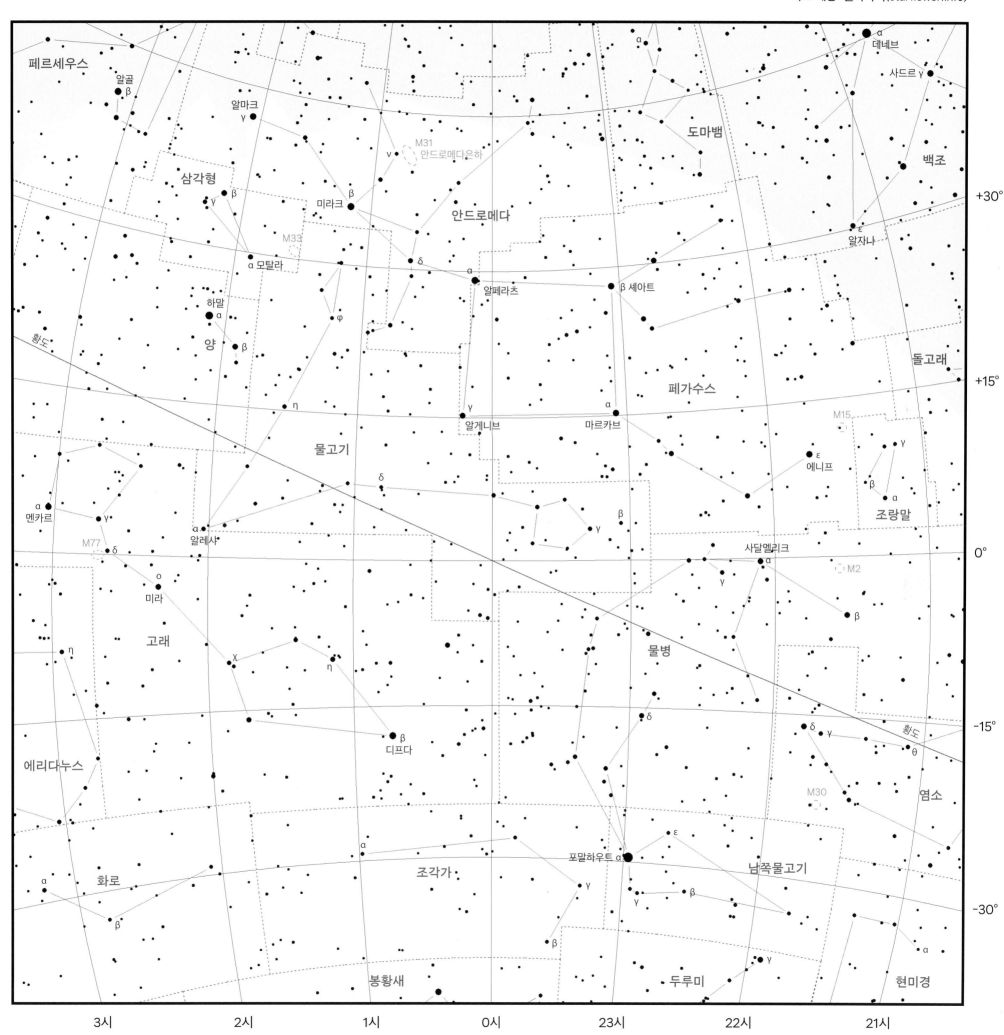

별 0 1 2 3 4 5 6 7

자료 제공: 별바라기(starflower.info)

페르세우스
알골 β
알마크 γ
삼각형
β γ β
미라크 β
M33
α 모탈라 δ
알페라츠
하말 α
양 β
φ
황도
η
γ
알게니브
물고기
δ
α 멘카르
γ
M77 δ
알레샤
미라 o
고래
η
χ
η
β
디프다
에리다누스
α
화로 β
β

M31
안드로메다은하
ν
안드로메다
β 세아트
페가수스
α
마르카브
ε
에니프
β α γ
조랑말
β
사달멜리크 α
γ
물병
δ
δ γ 황도
θ
M30
봉황새
두루미 γ
조각가
α
포말하우트 α
ε
남쪽물고기
γ
γ β
α

도마뱀
α
데네브 α
사드르 γ
백조
ε
알자나
돌고래
+30°
+15°
M15
γ
0°
M2
β
-15°
염소
-30°
현미경

3시   2시   1시   0시   23시   22시   21시

(23)

겨울철 밤하늘 전경 사진 박승철

겨울철 별자리

자료 제공: 별바라기(starflower.info)

별 0 1 2 3 4 5 6 7

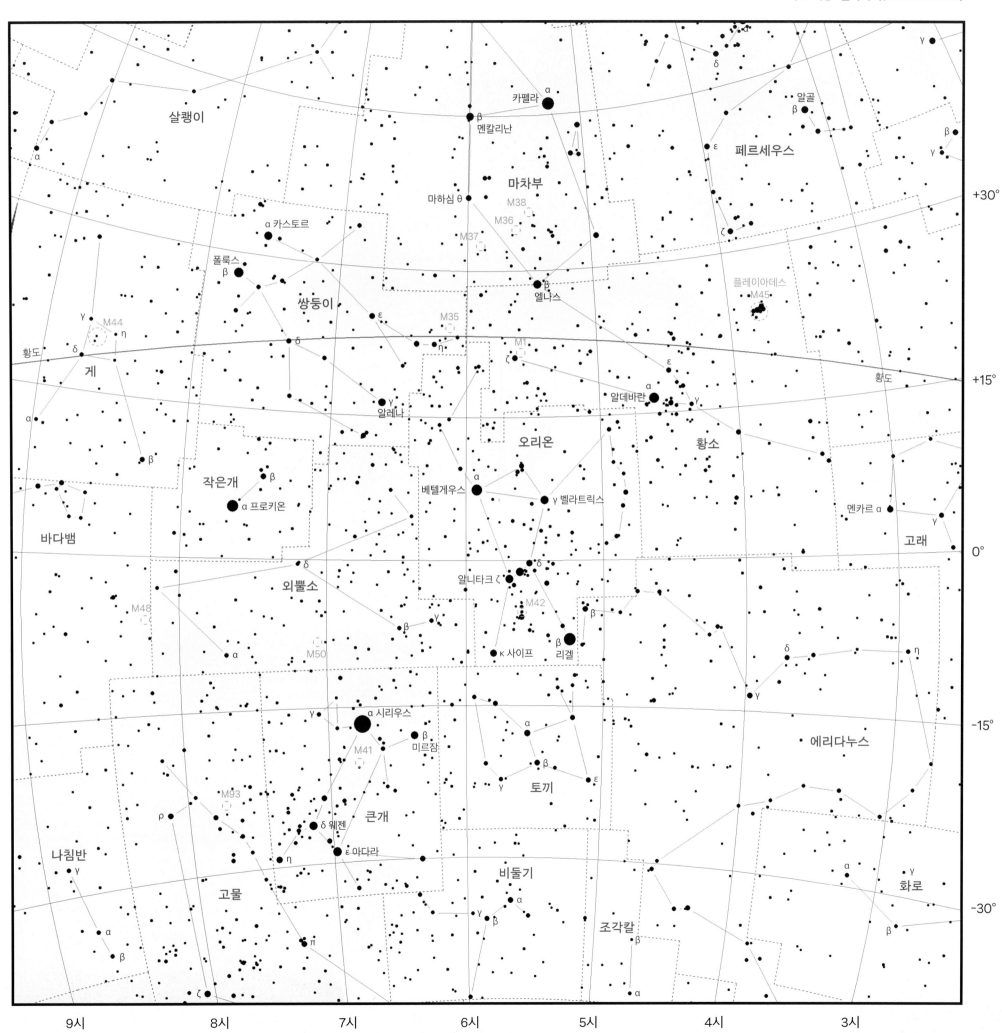

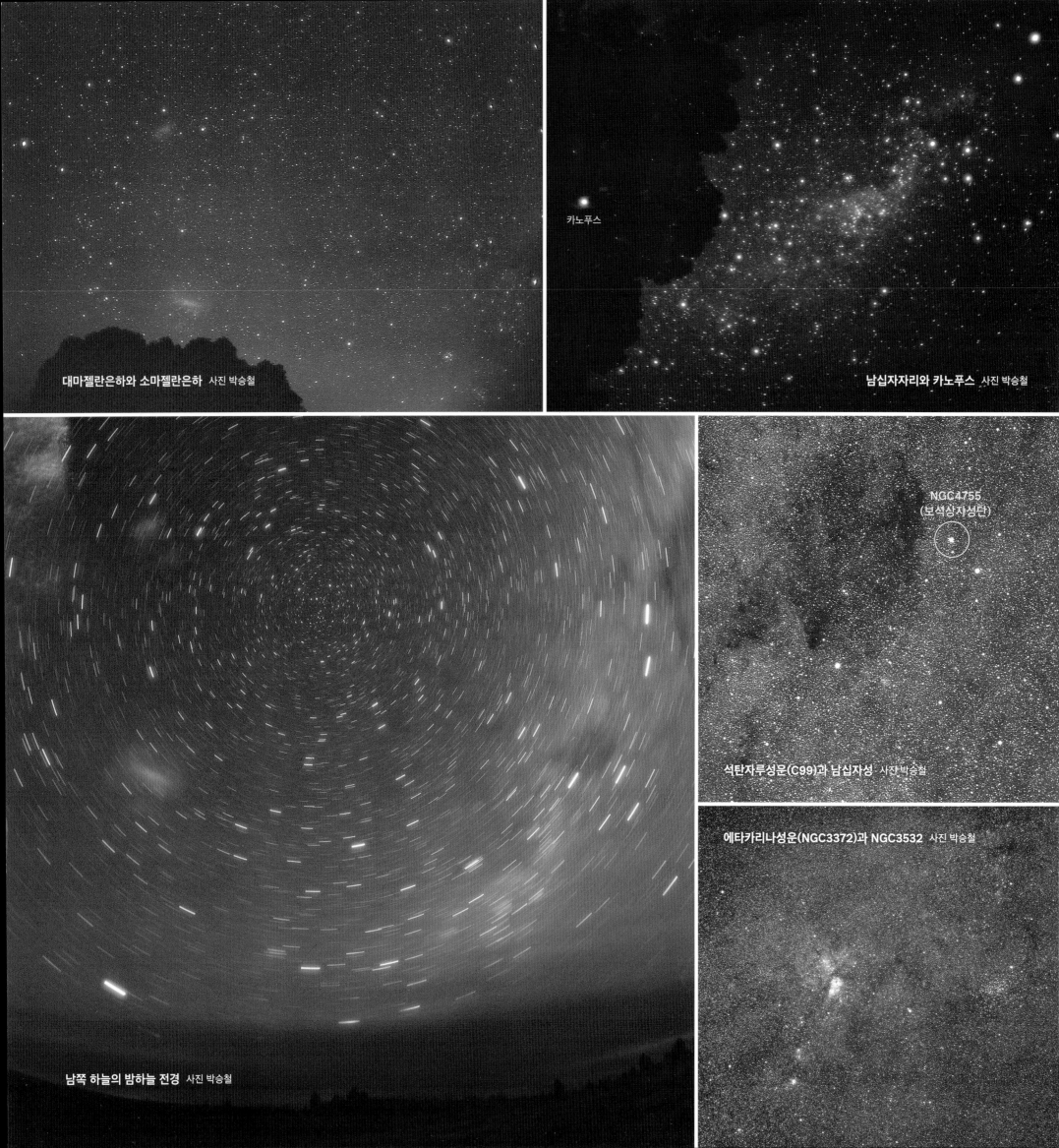

대마젤란은하와 소마젤란은하 사진 박승철

카노푸스

남십자자리와 카노푸스 사진 박승철

NGC4755
(보석상자성단)

석탄자루성운(C99)과 남십자성 사진 박승철

에타카리나성운(NGC3372)과 NGC3532 사진 박승철

남쪽 하늘의 밤하늘 전경 사진 박승철